GÉOLOGIE

DES

FORMATIONS AURIFÈRES

DE LA

NOUVELLE-ZÉLANDE

par René de BONAND

Ingénieur, ancien élève de l'École des Ponts et Chaussées.

PARIS

LIBRAIRIE POLYTECHNIQUE, CH. BÉRANGER, ÉDITEUR

15, RUE DES SAINTS-PÈRES, 15

MAISON A LIÉGE, 21, RUE DE LA RÉGENCE

—

1917

INTRODUCTION

Le but de cette étude est de chercher à expliquer l'origine des roches et alluvions aurifères de la Nouvelle-Zélande, en même temps que la venue de l'or.

Quelques manifestations volcaniques récentes, et même contemporaines, permettent d'expliquer certaines formations géologiques. C'est pourquoi elles ont été décrites dans cet ouvrage.

Quant à l'exploitation des gîtes et au traitement des minerais, il n'entrait pas dans le cadre de cet ouvrage de les étudier.

Je dois remercier de leurs attentions tous les ingénieurs du gouvernement et des compagnies minières qui m'ont permis d'explorer et d'étudier les moindres gisements de la Colonie, pendant les deux années que j'ai passées dans ce merveilleux pays, qui est le premier du monde par son pittoresque et son climat.

R. DE BONARD.

GÉOLOGIE

DES

FORMATIONS AURIFÈRES DE LA NOUVELLE-ZÉLANDE

CHAPITRE PREMIER

Origines de l'Archipel.

Le Géologue et l'Ingénieur Minier envoyés en
mission observent toujours avec intérêt l'aspect des
côtes lorsque, pendant la dernière journée de leur
voyage sur mer, ils approchent du pays dont ils vont
s'efforcer de pénétrer les mystères géologiques.

Pour celui qui va débarquer à l'un des ports de la
Nouvelle-Zélande, il suit généralement la côte pendant
une journée, et si Wellington est son port de débar-
quement, la traversée du détroit de Cook lui fournit
l'occasion de beaucoup observer. Si le port est Auckland, il navigue entre la côte Nord-Est et de nombreuses îles.

Il faut dire que si le touriste est émerveillé de cette
journée, l'Ingénieur en est bouleversé.

Au premier plan, la côte est ravagée par la mer et ce n'est pas ce qui l'inquiète, mais les falaises présentent des failles innombrables, et les sections opérées par les eaux lui montrent un enchevêtrement inouï des formations géologiques.

Au second plan, et à perte de vue, des montagnes succèdent aux montagnes, sans qu'il soit possible de démêler une direction générale pour aucun groupe de ces montagnes.

Évidemment, il y a eu là des soulèvements successifs, et non la formation à une époque déterminée, d'une chaîne de montagnes, comme les Pyrénées, les Alpes, ou les Apennins.

Les vallées suivent des lignes sinueuses, contournant des massifs que les eaux diluviennes n'ont pu entamer.

Qu'est-ce donc que ce chaos et quelle en est la raison ?

Ces régions d'origine volcanique ne peuvent faire remonter leur formation définitive à une période déterminée comme notre chaîne des puys d'Auvergne.

Une série de soulèvements et d'affaissements alternatifs ont construit, si l'on peut dire ainsi, la carcasse de ce continent et ont été suivis de mouvements volcaniques qui, aux époques tertiaires, quaternaires et récentes, ont bouleversé la surface du continent, et vont encore bouleversant cette surface. Il n'y a sans doute pas de siècle où de tels phénomènes ne se produisent.

L'île du Nord est soumise d'une façon continue et sur toute son étendue à des mouvements sismiques fréquents.

A toutes les époques géologiques, les éruptions ont recouvert de roches volcaniques les roches stratifiées.

Les caractéristiques des deux principales îles sont : Des phénomènes volcaniques constants dans l'île du Nord, et d'énormes érosions par les eaux dans l'île du Sud.

La Nouvelle-Zélande, par ces deux agents de la nature, a été et est encore soumise aux plus terribles luttes. Les modifications de ses couches géologiques se produisent au milieu des plus épouvantables convulsions causées par le feu intérieur de la terre et les condensations d'eau de l'atmosphère.

De toutes ces convulsions est résulté le groupe des îles de la Nouvelle-Zélande, dont les deux principales sont l'île du Nord et l'île du Sud, qui ensemble ont une superficie égale à celle représentée par l'Angleterre et l'Écosse.

Ces îles sont en réalité un massif de montagnes courant dans une direction N.-E. et ayant une largeur moyenne de 180 kilomètres. Elles sont comprises entre 55° et 47° de latitude Sud, occupant une longueur d'environ 1600 kilomètres.

L'étude des couches sédimentaires, formées aux époques où le continent était encore sous les eaux, et celle des dépôts alluvionnaires, actuellement à des hauteurs variables sur les sommets, permettent d'arriver à des conclusions sur la formation de ces îles.

Au milieu de l'époque secondaire quelques pics seulement émergeaient à la surface de la mer et c'est seulement vers la fin de l'époque tertiaire que les îles commencèrent à avoir à peu près leurs formes actuelles.

On peut établir que, au moins toute la partie centrale, pour ne pas dire toute la surface des deux grandes îles, aurait subi ainsi un mouvement d'élévation définitif vers le milieu de la période jurassique.

Durant la période crétacée il y eut un affaissement général.

Puis, avec l'époque tertiaire se produisent des séries de secousses dont le résultat est un nouveau mouvement général d'élévation.

Par les dépôts maritimes actuellement en évidence sur les sommets de nombre de montagnes, ce mouvement peut être évalué à environ six à huit cents mètres suivant les points étudiés.

Voilà donc les îles ainsi définitivement constituées. Mais leur surface est alors soumise à des modifications et des ravages plus importants que ceux subis par les autres continents durant les mêmes périodes, et ces modifications se continuent durant même les époques modernes.

Le feu et l'eau sont au travail.

Les volcans couvrent de nombreuses parties de l'Ile du Nord de laves et de cendres, en même temps que les geysers et les sources chaudes déposent les roches composites de silice, chaux et magnésie que l'on a appelé « geysérites ».

Dans l'île du Sud se forment les grands dépôts d'alluvions tels que ceux traversés par la Clutha ou ceux de la côte ouest à Hokitika. En même temps les énormes précipitations atmosphériques creusent les gorges telles que celles du Shotover, de l'Otira et du Waimakariri.

Les conséquences géologiques sont ce qu'elles doivent être pour chacune des îles.

Dans l'île du Nord les « greywackes slates » de l'époque primaire (période silurienne) sont recouverts par les roches volcaniques de l'époque tertiaire telles que andésites et rhyolites.

Ce « greywacke » est une roche sédimentaire métamorphisée. Sa composition est la même que celle des grès, c'est-à-dire qu'elle est formée des éléments désagrégés de roches d'époques antérieures.

Le « greywacke » est cependant beaucoup plus dur et plus compact que les grès. Le ciment beaucoup plus fin, et formé sans doute par des boues en eaux profondes, lui donne un aspect entièrement différent.

Cette roche de l'époque primaire a subi par suite
des pressions un métamorphisme dont on retrouve
même les effets de surface dans les nombreux plisse-
ments qu'elle présente.

Elle a une couleur très foncée.

CHAPITRE II

Action volcanique.

De grands phénomènes volcaniques se sont produits pendant la période éocène.

Ces phénomènes se sont manifestés par des écoulements de laves qui ont couvert la plus grande partie de l'île du Nord.

Ces laves se sont répandues par des fissures formées dans la croûte terrestre à la suite de violents chocs sismiques.

C'est l'époque de la formation des premières roches andésitiques, ces laves de la famille des basaltes.

De même qu'à notre époque, les éruptions étaient suivies de longues périodes de repos, et il ne faudrait pas croire que les masses andésitiques qui recouvrent l'île proviennent de la même activité volcanique.

Successivement de nouveaux cratères ou de nouvelles crevasses se sont ouvertes, et pendant que la lave recouvrait une région, la plus complète tranquillité régnait dans les autres.

Cependant des éruptions successives se sont produites dans les mêmes régions et de nouvelles laves ont recouvert celles des premières éruptions.

Après une longue période de repos, la croûte terrestre recommença à trembler dans la période Pliocène et le résultat fut un bouleversement de la partie centrale de l'île du Nord.

C'est l'époque de la formation des grands Volcans Ruapehu, Tongariro, et Ngauruhoe encore en activité.

Les périodes Miocène et Pliocène ont été témoins de ces séries de spasmes terrestres, dont les derniers ont répandu la Rhyolite sur une grande partie des laves antérieures. Les premières éruptions pliocènes avaient produit les andésites dans lesquelles des mouvements ultérieurs devaient former les crevasses et les filons aurifères.

Outre les dépôts de rhyolites, cette période d'éruptions a laissé des dépôts d'alluvions volcaniques formées de cendres, de blocs de basalte poreux et de pierres ponces.

Enfin ce fut le tour de la partie Nord de l'île, et à une période relativement récente, la région où se trouve maintenant Auckland fut soumise à une dislocation terrible.

C'est de cette époque que date la formation des quelques trente cratères qui entourent Auckland ou sur les pentes desquels cette ville est bâtie. Mont Eden est si bien dans la ville qu'il a donné son nom à un quartier.

Des bords de son cratère, on voit au fond les blocs laissés là par la dernière éruption et qui n'ont pas eu la force, lorsque celle-ci s'est ralentie, d'être rejetés comme ceux qui les avaient précédés.

Ce fond de cratère produit une impression curieuse.

C'est comme un de ces chantiers où les travaux sont suspendus pour un temps. Il semble que l'on s'attende à voir cette cuvette s'entr'ouvrir et le travail volca-nique recommencer.

L'usine des blocs et des cendres volcaniques est arrêtée, mais elle peut être remise en marche d'un moment à l'autre, sans doute pas par le même cratère mais par de nouvelles fissures ou cratères latéraux.

Au milieu de la baie on voit aussi, sortant de l'eau et la dominant de 300 mètres, le volcan Rangitoto. Il paraît bien assis dans la mer et semble s'adonner au repos. La tradition Maori veut qu'il ait été en éruption depuis que le peuple Maori occupe le pays.

Les traditions Maories sont toujours exactes en ce qui concerne les bouleversements de leurs îles.

Auckland, la plus calme et la plus riante des villes coloniales anglaises ne sera-t-elle pas un jour le théâ-tre du plus effroyable des cataclysmes?

Fréquemment les tremblements de terre font vibrer les fenêtres et secouent dans leurs lits ses habitants, si heureux de vivre dans un climat enchanteur.

Qu'un de ces mouvements sismiques ouvre une fissure par où la mer puisse arriver au contact de la chaleur intérieure.

La force de la vapeur fera à nouveau éclater la croûte terrestre.

De nouveaux cratères se formeront, répandant sur la superbe végétation actuelle le manteau de cendres et de laves.

Les phénomènes volcaniques qui ont formé les laves contenant les filons aurifères, et qui ont formé ces filons eux-mêmes étaient identiques aux phénomènes récents et à ceux que nous pouvons observer de nos jours dans la partie centrale de l'île du Nord.

L'étude des conditions actuelles de cette région et des bouleversements qu'elle subit encore fera donc comprendre l'origine des roches andésitiques de la péninsule d'Hauraki, aussi bien que la formation des fissures et des filons.

L'activité volcanique se produit à notre époque dans une bande étroite de territoire dont l'axe, ayant environ 250 kilomètres, s'allonge des sources du Waikato à l'île White dans la baie de Plenty.

Sur ce territoire se trouve, au Sud, le groupe des trois volcans Ruapehu, Ngauruho, Tongariro; puis vient Taupo et ensuite Warakei avec ses geysers et ses jets de vapeur, puis le Tarawera et Rotomahana, enfin l'île White qui n'est qu'un volcan émergeant de 500 mètres au-dessus des eaux et situé à 50 kilomètres de la Côte.

Le cratère ancien n'y est plus qu'un lac, mais des fissures latérales laissent échapper en abondance des vapeurs sulfureuses. L'activité volcanique est encore intense.

Une faille ainsi orientée N. E. traverse l'île suivant cet axe.

Cette disjonction de la croûte terrestre est la cause des perturbations terribles dont a souffert et dont souffrira encore toute cette région.

Les éléments à haute température, qui constituent l'intérieur du globe terrestre, se trouvent sur cette ligne de faible résistance venir en contact avec les eaux pénétrant la croûte terrestre et cheminant vers la grande fissure ou vers les fissures moindres qui la croisent.

C'est à ce contact que se forme la vapeur qui trouve une issue par les nombreux trous qui la projettent dans l'atmosphère, soit avec la tranquillité de la fumée, soit au contraire sous une pression et avec un grondement formidable.

En certains points, la masse d'eau étant plus considérable ne peut être réduite tout entière en vapeur, mais la vapeur formée est suffisante pour produire la force qui projette à l'extérieur à une grande hauteur, la masse non vaporisée.

C'est ainsi que sont formés les geysers.

Il y a ainsi le long de la faille une quantité de soupapes de sûreté.

Malheureusement, les fonctions de ce gigantesque système mécanique ne sont régulières que pour un temps.

Le travail intérieur des eaux et de la vapeur amène le long de la faille et de ses ramifications des perturbations souvent peu importantes, mais qui en amènent à leurs suites d'autres formidables. Qu'un éboulement se produise et amène une rupture d'équilibre, il en résulte un mouvement sismique.

Ce mouvement peut être assez violent pour ouvrir une crevasse ou un cratère par où s'échappent les matières en ébullition dans l'intérieur du globe.

D'autres fois dans la crevasse viendront s'engouffrer les eaux d'un lac ou de la mer, et l'énorme quantité de vapeur ainsi produite subitement ne pourra trouver issue par les soupapes de sûreté du régime normal. La force d'expansion produira quelque nouvel exutoire, par où elle projettera toutes les matières qui se trouveront à l'entour du centre de vaporisation.

Ce que l'on est convenu d'appeler l'éruption du Tarawera est un exemple de cette rupture d'équilibre.

Le 10 juin 1886, les habitants de la région de Roto-mahana remarquèrent des séries de roulements et d'explosions internes, en même temps que la terre tremblait. Ces phénomènes se succédèrent pendant environ cinq heures, mais ils sont si habituels dans la région, que l'émotion ne gagna ni les Indigènes, ni les Européens.

A la suite de ces phénomènes une crevasse s'ouvrit lentement sur le versant Sud du mont Wahanga et par cette crevasse se déversa sans violence une lave basaltique. La crevasse continua à s'ouvrir dans la direction Sud-Ouest et d'une façon continue. Elle chemina ainsi par le sommet du mont Tarawera et redescendant sur le flanc Sud-Ouest, atteignit la plaine où se trouvait le Roto-Mahana (lac chaud).

De son point de départ jusqu'au lac, elle avait une longueur de seize kilomètres et sa largeur variait de quelques mètres à deux kilomètres.

La formation de la crevasse entre le sommet du Tarawera et le lac semble avoir été plus rapide qu'elle ne fut dans la partie Nord.

Depuis son départ sur le Wahanga, elle mit quatre heures à atteindre le Roto-Mahana.

Quelques villages de vingt ou trente maisons avaient été engloutis dans la crevasse. Tel était le peu de souci du danger des habitants, que nombre d'entre eux n'avaient tenté de s'échapper et accompagnèrent leur maison dans les entrailles de la terre.

Mais, ceux qui jusque-là n'avaient pas compris le danger qui les menaçait, étaient enfin réveillés de leur insouciance par les chocs les plus terribles et les explosions les plus formidables que l'on puisse concevoir.

La crevasse, avançant toujours, était arrivée à ce charmant Roto-Mahana, lac d'environ deux kilomètres de longueur, situé dans la petite plaine au pied du Tarawera. Ses eaux bleues et chaudes (Roto mahana signifie lac chaud) étaient surmontées, d'un côté par les merveilleuses terrasses roses, et de l'autre par les terrasses blanches. Sur les autres rives, le lac était entouré de la végétation habituelle de Kauri, fougères, etc.

Les terrasses de Roto-Mahana étaient la gloire de la Nouvelle-Zélande.

Elles avaient été formées par les dépôts de deux sources chaudes et la régularité des gradins, aussi bien que leur couleur, était presque parfaite.

Aujourd'hui encore, ceux qui les ont connues en parlent avec tristesse, en pensant au désastre irréparable.

Au sommet des terrasses blanches de Roto-Mahana un énorme panache de vapeur donnait l'impression que les degrés continuaient jusque dans les nuages du ciel.

Ces vapeurs provenaient des sources chaudes elles-mêmes, dont les eaux, glissant sur les degrés jusqu'au Roto mahana, déposaient depuis des milliers d'années la silice qu'elles contenaient.

Les terrasses d'Hammam Meskoutine, dans le département de Constantine peuvent en donner une idée très imparfaite.

A la place occupée par ces magnificences il y a maintenant quelques geysers et des échappements de vapeur.

Lorsque la crevasse atteignit le lac, la déchirure se continua avec une grande rapidité sur la cuvette. En un instant, l'énorme masse d'eau se précipita dans la cavité ainsi ouverte.

Aussitôt en contact avec la lave bouillante, cette masse d'eau, en se vaporisant brusquement, produisit la phase la plus terrible du cataclysme.

L'énorme pression de la vapeur ainsi formée, brisa toute la cuvette, projetant en même temps à des distances et des hauteurs inouïes des blocs, des cendres, des colonnes d'eau bouillante et de vapeurs sulfureuses.

Tout le lac fut transformé en un cratère qui devint le principal foyer d'éruption.

A son origine sur le Wahanga, la crevasse avait déversé des laves andésitiques. Au fur et à mesure de sa progression, les laves étaient remplacées par des blocs de rhyolite, des scories et des cendres de même nature.

Le cratère de Roto-Mahana n'émit aucune lave et produisit une proportion peu importante de gros blocs. Par suite, sans doute, de la rapidité de l'explosion et de la pression énorme combinée à la chaleur intense, les scories et les cendres dominaient et étaient portées à des distances considérables.

Les phases de l'éruption donnaient l'impression d'un énorme travail intérieur.

Les explosions sourdes et violentes étaient suivies

de chocs qui secouaient toute la région, et après ces chocs venaient des mouvements sismiques de grande étendue.

En même temps se produisait une activité plus grande de l'éruption.

Enfin, commença la période de décroissance.

Peu à peu, l'activité se confina au cratère de Roto-Mahana, puis là aussi elle se réduisit à des émissions de vapeur.

A la fin de 1886 les laves, les blocs et toutes les matières, qui n'avaient pu être rejetées faute de pression, s'étaient pour ainsi dire cimentées entre elles.

Les eaux, arrivant peu à peu, formèrent un nouveau lac dans le cratère de Roto-Mahana.

Beaucoup plus grand que son prédécesseur le nouveau lac fut pendant bien des années le centre d'une contrée désolée.

Toute la plaine était recouverte d'une nappe de cendres et de scories, d'où s'échappaient en maints endroits des vapeurs sulfureuses.

Quelque dix années après l'éruption, la végétation reprit, et en vingt ans de nouvelles forêts ont recouvert les scènes de désastre.

La nature a voulu cependant rappeler que la grande faille était là et représentait une ligne de moindre résistance.

Un champ de geysers s'est formé et l'un d'eux surgit du fond de la crevasse même.

On l'appela le Waimangu.

Il s'élevait à 400 mètres de hauteur.

Les Néo-Zélandais en étaient aussi fiers que de leurs terrasses englouties presque au même point. Après quelques années d'existence, le Waimangu ne parut plus.

Comme le fond du cratère, celui de la grande fissure fut formé d'un aggloméré de laves, de blocs et de cendres à 50 ou 100 mètres au-dessous de la surface du sol.

En suivant la route qui conduit à la vallée de Waiotapu, on traverse la région des cendres et des scories.

Les tranchées de cette route permettent de voir qu'à une époque antérieure, dont parle du reste la tradition Maorie, une éruption avait produit des cendres, qui avaient déjà brûlé les forêts. On voit les grands Kauris tués par la chaleur des débris, ensevelis au-dessous de ceux que l'éruption de 1886 a fait tomber de même.

Ce cataclysme est bien l'exemple le plus parfait des transformations continuelles de la croûte terrestre dans l'île du Nord.

En 1886, l'épaisseur de la couche de cendres et de scories était de quinze mètres, à proximité de la fissure.

Portées par le vent, les cendres tombaient sur le district de Roto-Rua comme une pluie fine, et on en recueillit sur des bateaux en pleine mer, à 300 kilomètres du centre d'éruption.

L'éruption de 1886 a été le dernier grand phénomène volcanique qui se soit produit sur la faille.

Mais des phénomènes moindres, les uns d'une durée limitée, les autres constants, peuvent être observés depuis Roto-Rua jusqu'au Ruapehu. Les anciens cratères sont transformés en lacs paisibles, tels Roto-Rua, Roto-Iti, Roto-Aira, Roto-Mahana, mais ceux-ci sont entourés d'exutoires de fumée sulfureuse, de vapeur, d'eau chaude, de boue chaude.

Et d'abord sur le bord du Roto-Rua, les sources d'eau chaude sulfureuse sortent de tous côtés. On en a utilisé plusieurs pour l'établissement balnéaire où viennent se soigner les rhumatisants des antipodes.

Roto-Rua est à la limite des paysages riants et de la région volcanique.

Les sources d'eau chaude sortent de tous côtés.

Ce sont, par exemple, de petites excavations dans lesquelles on voit bouillonner une eau bleuâtre dégageant de la vapeur en même temps qu'une odeur de soufre.

Ailleurs, ce sont des trous pleins d'une boue chaude remuante et boursouflée sous l'action des gaz qui la soulèvent et la traversent, et dont la force à quelques instants rejette un peu de cette boue sur les bords du trou.

Sous peine de tomber dans une de ces chaudières d'eau bouillante ou de boue, il faut surveilller tous ses pas et ne pas s'aventurer parmi les broussailles qui bordent les sentiers tracés.

Ohinemutu est une ville d'eaux comme on n'en connaît pas en Europe.

Pour y construire un grand hôtel, il était difficile de trouver un espace suffisant sans sources ou sans geyser. On en bloqua quelques-uns. Aussi parfois un de ces exutoires se débouche et un jet d'eau chaude surgit dans une cour ou sous un plancher.

Naturellement, la région de Roto-Rua est soumise à de fréquents tremblements de terre.

A 2 kilomètres de Rotorua, il y a les geysers et les trous d'eau chaude de Waikarewarewa.

Quelques centaines de Maoris sont installés au milieu de ces marmites, dans lesquelles ils font cuire leurs pommes de terre et leur poisson.

Ces Maoris en sont arrivés à truquer les geysers en y jetant du savon pour les faire jouer en présence des touristes.

Si l'on veut comprendre l'action volcanique, il faut aller jusqu'à Taupo, Warakei et la vallée de Waiotapu, en plein centre de l'île et de la région volcanique.

Pour atteindre Taupo et voir en passant les manifestations d'activité volcanique, il ne faudrait pas partir seul à l'aventure. La contrée étant à peine habitée, excepté par quelques Maoris, il serait difficile de se faire renseigner. Ce qui serait plus grave, c'est que l'on risquerait de tomber dans quelque trou de boue ou d'eau chaude, ou de passer en des points où la croûte du sol n'est formée que de dépôts récents des sources sulfureuses, par exemple. Cette croûte est parfois si mince, qu'elle se briserait sous les pieds.

Partout où se manifeste l'activité de sources chaudes ou de suintements de vapeurs sulfureuses, un œil averti en est prévenu par la nature de la végétation. Il n'y a en ces points que des buissons, souvent même couverts de soufre.

Dans certaines régions où ne se produisent pas les émanations sulfureuses, une végétation luxuriante a repris le dessus depuis l'éruption de 1886 et pousse avec vigueur sur les cendres que les pluies, abondantes sous ce climat, ont rendu fertiles. Là des arbres superbes s'élèvent maintenant, enchevêtrant leurs racines autour des troncs de leurs prédécesseurs, tués eux-mêmes par la chaleur des cendres.

L'histoire volcanique est une répétition et, en certains points, l'on peut voir les vestiges de trois éruptions représentées par trois couches de débris volcaniques, dans lesquels sont enfouis les arbres de forêts détruites par chacune des éruptions. Les principales régions intéressantes sont la vallée du Waiotapu qui descend du massif du Tarawera, et la haute vallée du Waikato en aval et en amont du lac Taupo.

Ces deux vallées, l'une prolongeant l'autre, suivent la faille depuis le Ruapehu jusqu'au Tarawera.

Le fleuve Waikato et son affluent sont, par suite de leur orientation, bordés de geysers et de sources chaudes. Certains affluents du Waikato sont des rivières d'eau à 50°, ou même à des températures beaucoup plus élevées.

Dans ce pays bizarre, après avoir pris un bain dans une rivière à température presque glacée, il n'est pas rare de pouvoir se jeter à deux mètres de là dans un bassin naturel ou un courant d'eau à 35°.

On a bien d'autres surprises dans toute la région qui suit la faille. La chaleur qui se dégage du sol empêche de s'y reposer.

Appuie-t-on sur sa canne, on est tout surpris de la sentir s'enfoncer dans la terre molle. On est encore plus surpris en la tirant de voir sortir du trou ainsi formé un jet de vapeur sulfureuse.

Pour quiconque fait à Wairakei ou dans le district de Taupo un séjour prolongé, les tremblements de terre deviennent très pénibles.

Une quinzaine de chocs se produisent parfois en douze heures.

Souvent le sol tremble ainsi d'une façon répétée tous les jours pendant une ou deux semaines.

Ajoutez à cela l'appréhension d'une éruption volcanique ou d'un mouvement sismique produisant une dislocation, on comprendra que cette région soit peu habitée.

On y trouve de très petites agglomérations Maories et seulement quelques Européens.

Les ronflements sourds qui précèdent ou accompagnent les chocs sismiques sont impressionnants dans cette solitude.

Les champs de geysers y sont intéressants. Warakei et la vallée de Waiotapu ont autant de geysers qu'on peut désirer en voir.

Quand un indigène vous dit que devant vous il y a trente geysers et que l'on n'en voit qu'un ou deux, on a un moment de doute.

On est encore plus étonné, lorsque, se basant sur la marche de ces geysers que vous voyez, ce même guide vous énonce que tel geyser situé à tel point jouera dans dix minutes, tel autre dans quinze, tel autre dans trente minutes ou dans une heure. Si vous prenez votre montre, vous constatez que les dires de l'indigène sont exacts et que tous ces grands jets d'eau chaude partent à la minute indiquée et fonctionnent pendant le temps prévu.

Autour des orifices se fait un dépôt de silice, qui graduellement forme un cône.

Un peu partout dans la région il y a des échappements de vapeurs sulfureuses et non sulfureuses. Les premières laissent des dépôts importants de soufre qui donne lieu à un commerce suivi. Ces vapeurs sortent du sol généralement comme de petits nuages tranquilles.

En nombre d'endroits cependant la vapeur sort sous pression.

Il y a quelque part près de Warakei un exutoire de vapeur sous pression dont le diamètre est de 1 mètre. Ce trou est situé au milieu des broussailles, et à distance considérable on entend un ronflement qui devient terrible lorsque l'on se rapproche.

La vapeur sort de ce trou circulaire sous un angle d'environ 60° et sous une énorme pression, formant ainsi une colonne dense jusqu'à son point de condensation.

Le spectacle et le bruit formidable de cette force naturelle sont impressionnants.

Partout dans les alentours, le sol est à une température élevée.

Lorsque l'on parvient à Taupo après, avoir traversé toute cette contrée infernale, on trouve bien un lac paisible aux eaux bleues, mais à son extrémité Sud on voit la masse des trois grands volcans Ngauruhoe (2500 mètres), Tongariro (2150 mètres), Ruapehu (3000 mètres).

Ce dernier est recouvert de neige et de glaciers et de son cratère s'élève au milieu des neiges un grand panache de vapeur. Ce cratère est, en effet, rempli d'eau à haute température.

De temps à autre le Ruapehu entre en activité et rejette des cendres et des blocs, mais cette activité est peu violente.

Il n'en est pas de même du Ngauruhoe qui est en activité continue, rejetant non seulement des cendres et des blocs, mais des laves andésitiques.

Quant au Tongariro, la tradition Maorie indique qu'il a été en éruption depuis la venue des Maoris en Nouvelle-Zélande, mais à notre époque, il ne donne que des émissions de vapeurs sulfureuses sur ses flancs.

Le Ruapehu semble fermer au Sud les manifestations d'activité volcanique sur la grande faille et la région de moindre résistance qui la borde.

La faille cependant se prolonge vers le Sud. Sans vouloir en tirer aucune conclusion, il est assez curieux de constater que, prolongeant la ligne Tarawera-Ruapehu, cette ligne suit dans l'île du Sud la crête de la grande chaîne qui forme le partage des eaux.

CHAPITRE III

Action glaciaire et alluvionnaire.

L'île du Sud présente sur la côte Ouest, dans le district d'Otago et même dans le Nord, les marques de l'action de glaciers préhistoriques de grande étendue. Les murs de moraines, les érosions glaciaires et les dépôts de graviers représentent les résultats de cette action.

Plusieurs de ces moraines et de ces dépôts sont aurifères. Tel celui exploité par la Cie Blue Spur.

Quant aux érosions et autres phénomènes produits par les glaciers dans leur cheminement, on les reconnaît en de nombreux points.

Sur les collines de Barewood, par exemple, on peut suivre la marche des glaces en constatant ses effets sur les rochers de gneiss.

Les dépôts aurifères de Cromwell sont des dépôts apportés dans cette vallée par un glacier dont l'étendue et l'épaisseur devaient être considérables. En certains points, comme dans le bassin du Shotover, les glaces atteignaient une épaisseur de 1500 mètres.

Au début de l'époque quaternaire les glaces doivent avoir recouvert près des trois quarts de l'île du Sud jusqu'au 41e degré de latitude.

Les dépôts glaciaires aurifères exploités sur la côte Ouest datent de cette période.

L'action des glaces se poursuit de nos jours et de grands glaciers existent à de faibles hauteurs, étant donnée la latitude à laquelle ils se trouvent.

La Nouvelle-Zélande est le pays des contrastes et des bouleversements de la nature.

Dans le massif du Mont Cook au centre de l'île se trouve le grand glacier de Tasman.

A l'extrémité du lac Wakatipu, en remontant la vallée du « Paradise », on arrive aux glaciers qui entourent le Mont Earnslaw.

A l'époque préhistorique ces glaciers descendaient dans la vallée et couvraient la cuvette remplie maintenant par le lac.

De l'autre côté de la ligne de partage des eaux que domine le mont Earnslaw, se trouvent, sur la côte Ouest, de grands glaciers pour ainsi dire cachés au fond d'énormes vallées. Celles-ci s'enfoncent elles-mêmes dans la mer, y formant de vastes fjords, dont le paysage est, du reste, superbe.

Ces glaciers descendent jusqu'à la cote 200 mètres au-dessus du niveau de la mer, dont ils ne sont distants que de 1000 à 2000 mètres.

L'espace entre les glaciers et la mer est recouvert

de forêts d'arbres gigantesques et de fougères arbo-
rescentes.

Ces glaciers se trouvent entre les latitudes 43°
et 46°.

L'action combinée des glaciers et des fleuves a aussi
produit des dépôts alluvionnaires qui ont été reconnus
aurifères.

Les grandes précipitations atmosphériques qui ont
terminé et suivi la période glaciaire, ont creusé dans
les dépôts de cette période des chenaux profonds.

Les courants ont entraîné ainsi des secteurs de ces
dépôts, qu'ils ont déposés dans les lacs existant alors
et dans les plaines qui leur succédaient.

Cette action s'est continuée dans les périodes ulté-
rieures et se continue encore de nos jours.

Elle ne s'est pas exercée seulement sur les dépôts
glaciaires. Entamant la roche en place, elle a formé
à son tour des alluvions et les a déposées aussi dans
les bassins des lacs et sur les berges des rivières,

Les rivières actuelles de l'île du Sud sont bien peu
de chose, auprès de ce qu'étaient les énormes courants
d'eau de l'époque quaternaire.

C'est ainsi que ces courants ont déposé les alluvions
des terrasses qui dominent de leurs falaises les rivières
actuelles, terrasses qui s'étendent à de grandes distances dans le bassin de la Clutha, mais principalement dans les bassins des rivières de la côte Ouest.

Sur cette même côte Ouest, la mer a combattu

l'action des rivières, et la combat encore, en rejetant sur la côte les alluvions qu'elles apportent.

C'est ainsi qu'ont été formés ces dépôts de plage, souvent très riches en or, et ces terrasses que l'on voit près d'Hokitika.

CHAPITRE IV

Formations aurifères de l'île du Nord.

C'est dans le nord de l'île du Nord et, pour être exact, dans la province d'Auckland que l'on a découvert et exploité l'or en premier lieu.

On le trouve dans des filons et aucun dépôt alluvionnaire n'a été exploité.

Ces filons se rencontrent dans la péninsule d'Hauraki, principalement sur la côte Est et dans ce que l'on pourrait appeler la base de cette péninsule.

Le pays aurifère, situé entre les latitudes 36° et 38° Sud aurait ainsi une longueur de 250 kilomètres, en y comprenant l'île Grande Barrier.

En certaines sections, la largeur de la péninsule d'Hauraki est réduite à 6 kilomètres, en d'autres elle atteint 50 kilomètres.

L'altitude de la ligne de partage des eaux varie de 400 mètres à 1000 mètres au-dessus du niveau de la mer.

Toute la région est extrêmement accidentée et bouleversée.

A la cassure, l'andésite est d'aspect gris très foncé et présentant de petites porosités.

3

Les vallées y sont profondes et les pentes très abruptes, même au bord de la mer où les montagnes s'enfoncent sous l'eau sans laisser aucune place pour une plage.

Ces montagnes sont couvertes d'une végétation luxuriante et d'arbres magnifiques, qui fournissent aux mines plus que le bois dont elles ont besoin.

Une quantité de petits ports permettent d'aborder à la côte et des vapeurs mettent ces ports en communication avec Auckland.

De ces ports, par des sentiers de montagne ou par des routes très rares et assez mauvaises en général, on peut accéder aux mines.

Les transports sont difficiles, mais le bois se trouvant sur place pour tous les travaux de mine, et le charbon n'étant pas nécessaire, puisque les rivières fournissent la force, le tonnage à transporter est fortement réduit.

La moyenne annuelle des pluies atteint 1550 millimètres.

Cette quantité considérable d'eau, emmagasinée dans le sol et se déversant sans arrêt dans les rivières, permet à celles-ci, dont les pentes sont très rapides, de fournir la force nécessaire d'une façon constante.

L'or fut découvert en 1851 dans la péninsule d'Hauraki, près de Coromandel, et les filons importants du district de Thames ont été découverts de 1864 à 1870. Tous ces filons se trouvent dans les roches volcaniques de l'époque tertiaire. Ces laves elles-mêmes reposent sur les dépôts sédimentaires métamorphisés des périodes dévonienne et diluvienne.

Les roches primaires sont des « greywacke » affectant la forme schisteuse et variant en couleur du bleu noir au gris.

Dans les régions où elles apparaissent à la surface, elles se présentent sous les angles les plus variables et l'épaisseur des feuilles est elle-même très irrégulière. Le grain est fin et les lamelles de mica sont abondantes.

La composition est quartz et feldspath, cimentés par la silice et soumis à un métamorphisme.

Les dépôts volcaniques de l'époque tertiaire sont ceux qui nous intéressent tout particulièrement, car ce sont eux qui renferment les filons aurifères.

Ces dépôts tertiaires sont formés d'andésites des périodes miocène et pliocène.

Cette lave, très répandue dans la Cordillère des Andes, fait auquel elle doit son nom, a une composition variant aux environs des proportions suivantes :

Silice.	60
Alumine.	15
Oxyde de fer.	10
Chaux.	5
Magnésie	1,50
Alcalis	6,50
Eau et divers éléments	2

Le poids spécifique de la roche se tient aux environs de 2.75.

Elle se décompose à la longue sous l'action de l'eau et de l'air et prend alors, suivant son état de décomposition, une couleur gris-bleu plus ou moins légère.

Sur une certaine épaisseur du toit et du mur des filons, et à toute profondeur, ce changement est remarquable, aussi bien que le grain de la roche.

Cette transformation bien connue des mineurs est d'un précieux secours pour suivre ou même découvrir un filon.

C'est la « roche favorable » (kindly country) des mineurs de Nouvelle-Zélande.

Jusqu'ici cette andésite un peu décomposée a toujours été trouvée contenir les filons aurifères, et les travaux miniers les plus profonds du district d'Hauraki en font la preuve.

Comme l'effet des agents extérieurs n'a pu se faire sentir à travers les couches volcaniques jusqu'à une profondeur de 500 mètres, par exemple, il faut admettre que cette décomposition a été amenée par les eaux circulant dans les crevasses avant la formation définitive des filons.

L'altération des sels de potasse et de soude a donné du kaolin, et la silice a donné du quartz.

Sous l'influence des eaux et des vapeurs sulfurées, les oxydes de fer ont été transformés en pyrites, que l'on trouve en quantité considérable le long des filons et dans les filons mêmes.

Cette andésite décomposée, soit par les agents exté-

rieurs, soit par les agents anciens, a reçu le nom de
« propylite ».

Comme nous venons de le dire, c'est dans la propylite que l'on trouve les filons aurifères.

Toute cette masse de lave est venue à la surface par
des cratères et par des crevasses.

En certains points, elle a été recouverte à son tour
par des roches provenant d'éruptions postérieures, qui
se sont produites par de nouveaux cratères différents
des premiers.

C'est ainsi que l'on trouve souvent l'andésite recouverte par la rhyolite, roche de couleur jaune et grise
avec des veines de couleurs variables. Sa composition
est analogue à celle de l'andésite, mais la proportion
de silice est beaucoup plus élevée, tandis que celle
de la chaux, de la potasse et des oxydes de fer est
moindre.

Des dépôts de cendres et de blocs de roches volcaniques recouvrent aussi l'andésite.

Comme on l'a vu précédemment, les phénomènes
sismiques et volcaniques ont continué à se produire
après la formation de l'andésite.

Les secousses ont ouvert des crevasses puissantes
dans l'andésite, et faibles dans les roches primaires
inférieures qu'elles recouvrent.

Les filons reconnus et exploités dans la formation
andésitique ont été trouvés persistant dans cette roche,
mais lorsqu'on a eu l'occasion de les suivre jusqu'à la

roche primaire, on a trouvé qu'ils se raréfiaient et disparaissaient en profondeur.

La masse des « greywackes » n'a pu être ouverte aussi facilement que l'andésite par les chocs sismiques.

Vers les crevasses produites dans l'andésite ont filtré les eaux thermales.

Elles apportaient en solution la silice, les oxydes de fer, les alcalis, l'or en quantité infinitésimale et dans les mêmes conditions d'autres métaux tels que fer, plomb, zinc, cuivre.

Dans les crevasses, les eaux ont laissé déposer la silice, en même temps que l'or s'est précipité au contact de matières organiques.

Dans le district de Coromandel il n'est pas rare de rencontrer des pépites affectant des formes végétales.

De même ces eaux thermales sulfureuses ont transformé les oxydes métalliques en pyrites, et ces opérations ayant eu lieu simultanément, ainsi s'explique la présence de l'or dans les pyrites.

L'expérience a prouvé que, dans les filons des districts de Thames et de Coromandel, le minerai le plus riche se trouvait à l'intersection de petits filons croiseurs, qui eux-mêmes ne sont pas aurifères ou contiennent seulement quelques traces d'or.

La précipitation de l'or en plus grande abondance en ces points de rencontre des eaux circulant dans la crevasse principale et dans les fissures secondaires, semble devoir être attribuée à une action purement mécanique.

La rencontre des deux courants a produit là des tourbillons et une accumulation de matières organiques, d'où par suite une précipitation plus importante.

De nombreuses analyses d'andésites ont donné des traces d'or et d'argent. Ces résultats ont conduit à admettre la théorie précédente pour expliquer la présence de l'or dans les filons de quartz contenus dans la propylite.

C'est au contact des eaux thermales accumulées dans les crevasses, dont les parois étaient ainsi pénétrées longuement, que l'andésite de ces parois s'est transformée en propylite.

Dans ces filons, spécialement dans le district de Coromandel, on trouve l'or visible dans les petites cavités du quartz.

Le quartz riche présente de petites cavités et de petites veines pyriteuses. Sa couleur est blanche. Pour un œil exercé, il est facile de distinguer que certain quartz blanc opaque et de formation compacte ne contient pas le métal précieux.

Ces constatations intéressantes sont confirmées presque chaque jour par l'exploitation des mines.

Dans le district de Coromandel, où l'or se trouve à l'état absolument libre, il est loin d'être distribué uniformément, et on le rencontre accumulé dans des poches ou dans des cheminées.

C'est ainsi qu'à la mine de la « Hauraki G. M. Cy »,

on a trouvé à 20 mètres de la surface, une cheminée extraordinairement riche d'une trentaine de mètres de largeur, qui put être suivie pendant 150 mètres en profondeur.

L'or y était visible et facilement amalgamable.

Dans le district du Thames, on a découvert dans les débuts des cheminées semblables, mais en profondeur l'or n'est plus visible, étant contenu dans une gangue où se rencontre aussi les pyrites, la blende, etc.

La plupart des filons des districts au sud du Thames contiennent l'or à l'état libre à l'affleurement, et c'est seulement en profondeur que le minerai devient complexe.

Pour beaucoup, le minerai est complexe même à l'affleurement.

Un minerai de ce genre a donné à l'analyse :

Gangue	90
Pyrites de cuivre	5
Pyrites de fer	4
Galène et blende	0,50
Eau et éléments divers	
Or	15 grammes à la tonne.
Argent	47 grammes —

Après des tâtonnements, on est du reste arrivé à traiter facilement ce genre de minerai.

Les grandes mines de Waihi et Waitekauri, aussi bien que celles de Karanganake produisent un minerai complexe, ce qui n'empêche pas ces mines d'être de très belles affaires.

« Waihi » est la grande mine de la Nouvelle-Zélande. C'est, au point de vue industriel, la mine d'or la plus intéressante de l'Australasie.

On y exploite les filons Martha, Welcome, Surprise, mais les deux derniers sont des dérivations du filon Martha.

La puissance du Martha varie de 4 mètres à 16 mètres, celle du Welcome est en moyenne de 4 mètres, et celle du Surprise de 0 m. 50.

On comprend quel tonnage considérable peut produire une telle mine.

Le Martha fut découvert en 1878 à son affleurement, au sommet d'une élévation conique dominant de 75 mètres la plaine environnante.

La puissance du filon était là de 18 mètres, et l'on peut voir maintenant la crevasse vidée de son contenu.

Le minerai de la Waihi est un quartz grisâtre avec des veines bleu-sombre de sulfures. Parfois ces veines affectent la forme de volutes.

Près de la surface on trouvait de l'or visible, mais il n'en est plus ainsi en profondeur.

La teneur en argent est importante et atteint en poids une moyenne de trois fois celle de l'or.

Dans les districts de Waihi et Waitekauri, la répartition de l'or est plus uniforme, bien que des parties du filon soient, là encore, non payantes et ne contiennent même que des traces d'or.

Cette distribution de l'or suivant les districts a fait dire que les filons de Coromandel devaient être exploités par des individus, ceux du Thames par de petites associations locales, et ceux de Waihi et Waite-kauri par de grandes Compagnies.

Dans ces deux derniers districts, les quantités de minerai à broyer et à traiter demandent de grandes installations et par suite de gros capitaux.

L'or de Coromandel est « free-milling » et facilement récupérable.

Il en est de même au Thames. Mais là est la limite du « free milling », et encore le minerai devient-il chargé de sulfures en profondeur.

Le minerai des districts plus au sud est complexe.

Il a une apparence grisâtre avec veines bleuâtres ou noires contenant peu ou pas du tout d'or visible, mais dans la gangue on peut voir une quantité de pyrites, et souvent de manganèse.

Sur la côte N.-E. de la péninsule d'Hauraki, à Kua-tounou, on exploite des filons dans les « greywackes ».

La roche primaire n'a pas été recouverte en ce point par les éruptions volcaniques de l'époque tertiaire, mais les secousses produites par celles-ci y ont déter-miné des crevasses dans lesquelles les dépôts de silices ont formé les filons.

Cette formation couvre seulement un promontoire de surface très restreinte.

Toute la région volcanique de l'époque tertiaire suit

une faille d'orientation N.-O., qui dans sa traversée du district de Thames, porte le nom de faille de Moanataiari.

De chaque côté de cette faille se sont produits, à des périodes géologiques diverses, des phénomènes volcaniques identiques à ceux que nous avons étudiés précédemment le long de la grande faille de la partie centrale de l'île.

A l'époque tertiaire, les grandes éruptions et bouleversements volcaniques se sont produits dans cette bande de moindre résistance.

Ces bouleversements successifs ont recouvert la région d'andésite et de rhyolite, et ensuite ont formé les filons aurifères.

Les andésites recouvrent la cuvette du golfe d'Hauraki, aussi bien que la péninsule qui, on l'a vu précédemment, est sillonnée de filons dont un grand nombre sont très riches en or et en argent. On retrouve les andésites au Nord sur la côte Est à partir de Wangarei jusqu'à Whangaroa. Là, en certains points, comme à Whakaruke et à Tikiora, on a trouvé des gisements d'antimoine et de manganèse, mais on trouve aussi des filons de quartz aurifère, trop pauvres cependant pour être exploités.

Ainsi les bouleversements volcaniques qui se sont produits le long de la faille de Moanataiari ont créé les formations aurifères de l'île du Nord. Par faille de Moanataiari, il faut entendre, non seulement la faille dans sa traversée du district de Thames, mais dans tout son prolongement Nord ou Sud.

En certains points, on peut suivre sur le sol une dépression très caractérisée, qui n'est autre que l'affleurement de cette dislocation de la croûte terrestre, recouvert par des éboulements et de l'humus.

Les mouvements sismiques ont ouvert dans toute cette région des crevasses et des cratères. Les laves, les vapeurs et les eaux thermales ont profité à toutes les époques des exutoires qu'elles trouvaient ainsi, ou des chenaux dans lesquels elles pouvaient circuler.

C'est par suite de l'existence de cette faille et de cette surface de moindre résistance, que les éruptions se sont produites et ont rejeté l'andésite, de même que plus tard les eaux thermales ont déposé dans les crevasses la silice qui a formé les filons.

La grande faille de Moanataiari a naturellement été recoupée par les travaux de plusieurs mines.

Le résultat a été dans certains cas l'envahissement des travaux par l'eau et la boue.

Pour combattre l'envahissement par les eaux, les Sociétés minières et le gouvernement ont formé un Syndicat qui a installé des pompes d'épuisement.

Dans les mines où l'on a pu traverser la grande crevasse, on a trouvé des troncs d'arbres et des débris végétaux, comme on en trouvera si l'on recoupe jamais la fissure de l'éruption de 1886.

CHAPITRE V

Formations aurifères de l'île du Sud.

L'île du Sud est la plus importante des îles de l'archipel de la Nouvelle-Zélande.

La ligne de partage des eaux la divise suivant une direction Nord-Sud en deux parties à peu près égales.

Les crêtes qui constituent cette ligne atteignent au mont Cook la hauteur de 4000 mètres.

Sur le versant Est se développent des plaines très riches, dont la principale est celle de Canterbury.

C'est sur le versant Sud-Est, dans le district d'Otago, au Sud de la ville de Dunedin, que l'or a été découvert tout d'abord. Il y est encore exploité.

Sur la partie centrale de la côte Ouest, l'exploitation d'alluvions et de filons a donné et donne encore des résultats importants.

Les phénomènes volcaniques de l'époque tertiaire n'ont pas affecté cette île comme ils ont affecté celle du Nord.

Les masses d'andésite et de rhyolite font défaut.

Les éruptions de l'époque quaternaire ou d'époque récente n'ont pas eu lieu.

On trouve la roche primaire à la surface, ou recouverte d'alluvions tertiaires et quaternaires.

La roche primaire est le micaschiste de teinte bleuâtre avec quantités de lamelles de quartz blanc.

Les plans schisteux sont à tous angles et fréquemment on les voit suivre même la verticale.

Le quartz des filons aurifères est généralement grisâtre et l'or y est rarement visible, ou du moins ne l'est pas d'une façon habituelle, comme nous l'avons vu dans le district de Coromandel.

Le quartz contient aussi des pyrites, mais l'or n'est pas contenu dans ces pyrites.

L'or, comme dans tous les filons, se trouve dans des cheminées de dimensions variables, mais les teneurs n'y atteignent pas celles de certaines « bonanzas » du Thames ou de Coromandel.

La composition de la roche encaissante se maintient aux environs des proportions suivantes :

Silice.	65
Alumine.	18
Oxyde de fer.	5
Alcalis	3,00
Magnésie	2,50
Manganèse et chaux.	1
Eau et divers.	5

La silice facilement dissoute par les eaux est venue

se déposer dans les fissures en même temps que l'or y était précipité.

L'or fut tout d'abord découvert et exploité dans les alluvions.

Le grand intérêt du district d'Otago est surtout dans ses alluvions.

Celles-ci sont de trois sortes : les alluvions des lits des rivières, celles des terrasses ou des lacs de l'époque tertiaire, et celles des glaciers de l'époque quaternaire.

Les alluvions des rivières sont des alluvions telles que celles de toutes les rivières, c'est-à-dire formées de galets et de sables, produits des éboulements ou emportés par les eaux attaquant les rives. Ces sables proviennent, soit de la roche primaire directement attaquée par des rivières, soit des alluvions de l'époque tertiaire à travers lesquelles elles ont creusé leurs lits.

Dans ces conditions, les rivières agissent comme un sluice, et les eaux concentrent dans leurs lits l'or contenu dans ces alluvions anciennes.

L'or des rivières et celui des alluvions anciennes a donc toujours la même origine.

Quelle est cette origine?

Après avoir beaucoup parcouru le pays, on peut se convaincre que cet or ne provient pas de filons.

Il se trouve par exemple dans des rivières comme la Clutha dont le bassin a été exploré à fond. On a pu se convaincre qu'aucun filon n'a pu fournir les quantités d'or extraites de cette rivière depuis cinquante ans, et

non plus tout ce qui a été extrait des alluvions tertiaires traversées par elle.

Il ne faut pas oublier non plus tout ce qui reste à
extraire.

Par contre dans des sections de la rivière draguées
antérieurement jusqu'au « bedrock », on a retrouvé
de l'or après un espace d'une vingtaine d'années.

L'effet du « sluice », opérant toujours sur les alluvions anciennes, avait concentré à nouveau cet or dans
le lit de la rivière.

Si l'or ne provient pas de filons, il ne peut provenir
que de la roche elle-même.

L'analyse des micaschistes du district d'Otago a
relevé dans un nombre d'échantillons des traces et
parfois même un ou deux grains d'or.

Cet or n'est pas contenu dans les lamelles de quartz,
mais bien dans la gangue.

D'autre part, les formes affectées par l'or des alluvions sont souvent assez caractéristiques des matières
organiques.

On peut dire là sans hésitation que l'or contenu
dans les micaschites est dissous par les eaux de pluie,
qui les pénètrent et qui contiennent du chlore et de
l'iode en dissolution.

La forme schisteuse favorise cette infiltration des
eaux. Lorsque celles-ci arrivent dans la vallée, elles
s'y trouvent en contact avec des matières organiques et
par suite avec un excès de chlore et d'iode. En pré-

sence de cet excès, les chlorures et les iodures préci-pitent l'or qu'ils contiennent sur les matières orga-niques elles-mêmes.

Les pépites affectent parfois la forme des matières organiques au contact desquelles l'or a été précipité.

Il n'est pas douteux que ce travail de précipitation de l'or se fait encore de nos jours dans le lit des rivières.

On peut dire que l'on assiste à ce travail dans cer-taines gorges de la Clutha. On voit suinter des mica-schistes, dont les plans sont presque verticaux, l'eau qui provient de sommets surplombant la rivière de 200 ou 500 mètres.

Certaines alluvions, ayant leur origine dans une région filonienne, contiennent des morceaux de quartz aurifères, mais en très petite proportion.

Dans le lit des rivières, la puissance des alluvions aurifères atteint jusqu'à 10 mètres et même 15 mètres.

Dans la Clutha, l'or se trouve dans les derniers 15 centimètres.

Pour atteindre ce gravier riche, il faut souvent que les dragues commencent par traiter le gravier d'une puissance de 12 mètres dont la teneur en or est à peu près nulle.

C'est ainsi que l'exploitation par dragues sur la Clutha, et autres rivières du district d'Otago donne les rendements de 25 à 50 centimes par mètre cube de gravier travaillé.

Cette petite étude ne devant avoir pour objet que le côté géologique des formations aurifères, il n'y a pas lieu de parler davantage des dragues et des conditions dans lesquelles elles opèrent.

Qu'il suffise de dire que ce mode d'opération a été inauguré en Nouvelle-Zélande il y a environ quarante ans, et a permis depuis lors à des groupes de mineurs ou de petits capitalistes pouvant mettre à jeu 100 000 ou 200 000 francs, de retirer des bénéfices de l'exploitation des rivières dont la valeur extraite n'était parfois que de 20 centimes par mètre cube.

Les affluents de la Clutha tels que le Shotover, le Kawarau et la Névis sont exploités ainsi, aussi bien que la Clutha elle-même.

Une grande partie de l'or extrait des rivières provient donc des dépôts glaciaires, des terrasses d'alluvions tertiaires et des alluvions laissées au fond des lacs de la même époque. Ces lacs se sont trouvés asséchés, par suite de la réduction des précipitations atmosphériques, qui ont alors trouvé un chenal suffisant à leur écoulement, ou par suite de la rupture des barrages naturels.

La Clutha et ses affluents traversent ces terrasses, ces fonds de lacs et les dépôts laissés par les glaciers.

Elles y jouent le rôle de « sluices » pour le lavage et la concentration du gravier.

Mais l'or contenu dans les alluvions à distance de ces « sluices » naturels, n'a pu y graviter.

On exploite ces dépôts tertiaires et quaternaires par des procédés hydrauliques au moyen d'amenées d'eau sous pression et de désagrégation des masses alluvionnaires par les jets puissants ainsi produits.

On opère ainsi sur des masses énormes, puisque la puissance de certains de ces dépôts en exploitation est de 25 mètres sur des centaines d'hectares.

Les teneurs sont variables, mais certains claims exploités et payant du bassin du Shotover rendent gramme 0,125 au mètre cube.

Dans ces masses, les galets et le sable sont mélangés mais ne constituent pas un élément solide.

Il en est autrement dans l'exploitation de la « Blue Spur G. M. Cy », où les galets sont reliés par un ciment bleu et dur, avec lequel ils forment un conglomérat solide.

Ce dépôt est d'origine glaciaire et formait une moraine du grand glacier, qui descendait là jusqu'à la mer et dont la Clutha était le chenal d'écoulement. La consolidation du conglomérat est due vraisemblablement à l'énorme pression que les glaces lui ont fait subir.

Pour désagréger cette roche on a recours aux explosifs, avant de la soumettre au traitement hydraulique. Mais là les teneurs sont plus élevées que dans les autres alluvions. Elles donnent un rendement moyen de gramme 0,560 au mètre cube.

Sur la côte Ouest, l'or a été extrait d'exploitations

filoniennes à Reefton, et d'alluvions qui suivent une ligne parallèle à la côte.

Les filons du district de Reefton sont constitués par des formations lenticulaires, et sont contenus dans les schistes de l'époque primaire.

Les lentilles de quartz atteignent de grandes puissances en épaisseur et suivant les axes de leurs plans. Mais souvent, après avoir traversé une lentille sur 300 ou 400 pieds, une galerie d'avancement ou une descenderie doivent être prolongées d'autant, avant de rencontrer une nouvelle lentille.

Entre deux lentilles, on peut suivre la crevasse, réduite souvent à quelques centimètres et ne contenant pas de quartz, mais seulement de l'argile durcie.

Les conditions de cette formation lenticulaire ont conduit à réunir plusieurs mines dans une seule compagnie.

On peut ainsi obtenir une exploitation industrielle assurée d'un tonnage de quartz suffisant pour alimenter une batterie importante, de façon à traiter avec un plus gros bénéfice du minerai d'une teneur de 10 dwt.

On peut aussi exploiter une mine pendant que l'on fait de l'exploration dans une autre.

Cette réunion de plusieurs mines formant ainsi une sorte de coassurance a donné de très bons résultats.

Les alluvions de la côte Ouest appartiennent à l'époque récente, à l'époque quaternaire, aux périodes Pliocène et Miocène.

Celles de l'époque récente ont été apportées par les rivières, les glaciers et l'action de la mer combinée avec celle des rivières qui s'y déversent. Certains dépôts de plage de l'époque quaternaire se trouvent maintenant à 100 mètres au-dessus du niveau de la mer.

Les alluvions aurifères se trouvent aussi dans les lits actuels et anciens des rivières.

Elles se trouvent enfin dans les moraines des anciens glaciers.

Sur les plages actuelles, on trouve l'or dans un sable noir. Ce sable contient du fer magnétique et provient de la décomposition des schistes. Son origine doit être attribuée aux glaciers de la chaîne des monts Taipo, qui descendaient là jusqu'à la mer, comme on les voit encore plus au Sud à Milford Sound, par exemple.

Les actions des diverses époques ont opéré une concentration par « sluicing » des alluvions des terrasses et des dépôts de toutes sortes de l'époque tertiaire.

En s'éloignant de la côte, on trouve ces dépôts sur les crêtes et les plateaux élevés. A 1000 mètres d'altitude ils forment le sommet du Mont Greenland.

Dans leurs cours supérieurs, la Buller, le Teremakau et leurs affluents se sont creusés des lits profonds, et l'on voit maintenant se dresser d'énormes falaises d'alluvions et de conglomérats constamment attaquées encore par les eaux.

Hokitika, Greymouth, Westport sont les centres économiques de tout ce district d'alluvions, dont les plus accessibles ont été exploitées.

Les dépôts tertiaires des terrasses et des sommets supérieurs restent à exploiter, et pour cela, il faut y amener les eaux sous pression suffisante, pour pouvoir les désagréger et les traiter par la méthode hydraulique.

Il est intéressant de savoir que la formation carbonifère se trouve sur la côte Ouest de l'île du Sud autour de Westport et de Greymouth, où existent les principales exploitations de houille de la colonie.

On trouve aussi la formation carbonifère, près de Reefton, et au Sud-Est de l'île, autour de Dunedin.

IMPORTANCE DE L'INDUSTRIE AURIFÈRE

En passant, on remarquera l'importance de l'industrie de l'or pour la Nouvelle-Zélande, au point de vue économique.

Elle fournit une marchandise d'échange à ce petit pays de 950 000 habitants.

La valeur de cette marchandise pour l'exportation se tient annuellement aux environs de 50 000 000 de francs pour l'or et 40 000 000 pour l'argent.

Elle occupe des ouvriers qui reçoivent des salaires fort élevés (10 fr. par jour) tout en ne fournissant que huit heures de travail, ce qui permet à beaucoup d'entre eux de cultiver la petite propriété sur laquelle ils résident et d'être en même temps mineurs et agriculteurs.

Malheureusement, en Nouvelle-Zélande, on ne pense que secondairement au développement de la richesse du pays. Le point de vue des dirigeants est le bien-être et la vie facile pour l'ouvrier mineur, auquel le travail et l'économie ne sont même pas conseillés, tandis que toute la législation tend à éloigner les capitalistes.

De ce point de vue présent, les générations à venir en Nouvelle-Zélande auront à payer les frais.

Les ouvriers auront à payer de lourds impôts et les capitalistes Européens achèteront les mines moins cher.

79780. — Imprimerie Lahure, 9, rue de Fleurus, à Paris.

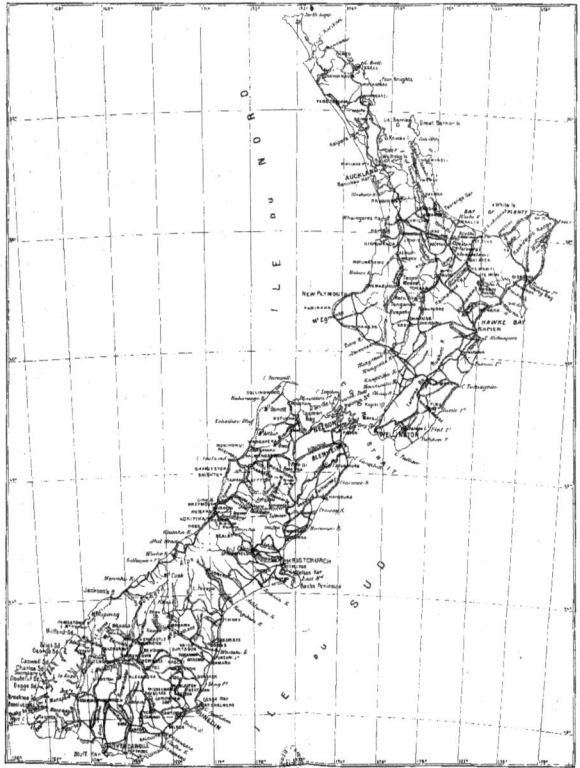

CARTE GÉOLOGIQUE DE LA NOUVELLE-ZÉLANDE.

www.ingramcontent.com/pod-product-compliance
Lightning Source LLC
Chambersburg PA
CBHW070910210326
41521CB00010B/2121